[日] 和诗俱乐部 编
谢鹰 译

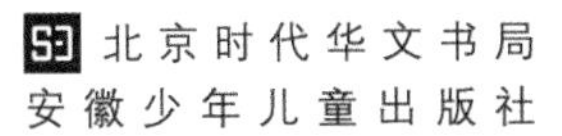

北京时代华文书局
安徽少年儿童出版社

部长的简历

本名	柴田昂（柴犬）
年龄	大概 11 岁（出生日不详）
职位	“和诗俱乐部”特命宣传部长
工作内容	“和诗俱乐部”的商品模特兼宣传
工作风格	有兴致的时候才上班。工资为小鱼干点心。
个性	一被奉承就会得意忘形，可被其他狗狗威胁时，开溜速度堪称京都第一。 视社长为对手，面对小鱼干的时候却会“握爪言和”。 与妹妹（梗类犬）汉娜生活在一起。 兄妹之间仍旧打打闹闹，但现在有时关系也不错。
业余活动	原本是流浪狗，如今正在为无家可归的猫猫狗狗们加油打气。

Shibata Bucho (Manager Shibata)**'s Profile**

Name : Subaru Shibata (Shiba dog, Male)
Age : 11 (Estimated. Date of birth is unknown)
Title : Manager of public relations (Washi Club, Kyoto)
Duties : Modeling for Washi Club products, PR services
Pay : Dried small sardines

欢迎光临！

Welcome to our shop!

几乎没怎么上班，可偶尔抛头露面时，俨然一副“此店是我开”的做派（和诗俱乐部 本店）。

辛勤工作的时候，小鱼干也是特别的。

Got my pay, finally.

身为日本狗，部长爱吃和食，也非常喜欢纳豆和豆腐。

温暖员工的后背也是重要的工作。

Don' t call it harassment....

…… 不过，仅限女性员工。

这种合同，给多少根小鱼干我都不签！

Your proposal isn't good enough for us to sign a deal!

谈业务有时也得采取大胆的策略。

我说笑的，就想说说而已，给我小鱼干吧。

...No, I just wanted to play my role a bit. Give me sardines.

……也需要妥协。

走哪边呢？

Which path do you choose?/Fushimi Inari Taisha Shrine.

部长选择了右边（伏见稻荷大社 千本鸟居）。

奥之院へ
奥之

沐浴朝阳的柴头钻。

'Shiba drill' in the morning sun!

柴头钻：柴犬抖动身体时，像钻头般高速回旋的样子。

带你逛逛京都的街道吧。

Let me guide you through my home town, kyoto./Nineniaka, Higashiyama.

还能带你去秘密小巷喔（东山 二宁坂）。

“帅哥”照，其实归功于主人手里的小鱼干。

啊，有小家伙飞过来了。

Gonna catch me a butterfly.

在花田里发现小虫子时，会跳起来捕捉。

盯……吃啥好吃的呢？

Are you having lovely snacks without me?

隔墙有耳，隔门有部长。

来了个有点要强的部下。

I've got a subordinate who is tough at heart.

部长来了两年后，有了个年长的“妹妹”（上下关系瞬间逆转）。

坐下和握爪都是我教的。

That’s me who taught her sit and paw.

五岁之前一无所知的汉娜，是通过模仿部长来学习的。

赏花便当带了吧?

Can' t believe you didn' t prepare sardines for a walk in the park.

比起鲜花，部长更爱肉干。

樱花缀柴犬。

Sakura flower looks good on Japanese dogs.

樱花特别适合日本狗。

饭做好了就叫我起来……唔嗯……

Wake me up when breakfast is ready.

耳朵时刻对准厨房。

哇啊啊，该拿出真本事了。

Start of my busy day.

然后，通常是一副“姑且带你散个步”的表情。

狗狗们安然入睡的样子，也让我们感到幸福。

有事相求时，会特别规矩。

不要头盔啦，有没有粽子之类的？

I want a cake, not a helmet! (on Boy’s Festival day, May 5th)

都说部长适合戴帽子。

卟格泥（不给你）！

Never give it back!

部长也是狗，特别喜欢球。

同时追俩球，下巴会脱臼。
Balls! Balls!!
球一旦扔出去，就绝不肯归还。

部长害怕打雷下雨。频繁下雨的夏季是段考验期。

早晨散步心情好。
There are many sights in kyoto where you can bring your pets. /Nanzenji Temple.
京都也有允许狗狗入内的寺院，一定要遵守礼仪呀（南禅寺）。

心无杂念，心无杂念……感觉肚子饿啦。

Empty your mind...empty, empty. Ah! I' m hungry.

坐禅期间，心里不时闪过“邪念”的部长。

最后的解谜几乎都发生在这种地方。
Dreaming of being in a thriller. /Nanzenji Suirokaku Aqueduct.
看了太多刑侦剧的部长（南禅寺 水路阁）。

男人就得静坐等候。

A gentleman sits quietly waiting for... his snack.

听到开袋子的咔嚓声就坐不住了。

嗨，太太，你好。

Hello, girls! I' m the friendliest Shiba.

浓眉大眼，不愧是搞宣传的。

唱什么歌呢，快点上蛋糕！

I used to be a rescued dog, dunno my birthday....

出生日不详的部长，每天都在过生日。

爱热闹的男儿欢欣雀跃。

Soon Gion Festival! /Toroyama.

举办祇园祭的八月，京都生气盎然（祇园祭 螳螂山）。

キンシ

过节啦，嘿哟！

kinda festival guy!

看似气势十足，实际上很害怕太鼓和神轿。

英俊的浴衣打扮。

Dashing in Yukata?

……真相是，部长害怕远处的烟花声，都不敢迈出家门一步。

金鱼小金是我的家人……不能吃。

kin-chan the goldfish is in the bawl...I shouldn' t play with him.

爱吃鱼的部长唯独疼爱小金。

今年的黄瓜特好吃。

I' m not Mexican. A Japanese farmer.

部长也很喜欢生蔬鲜果。梦想似乎是能有块自己的田地。

天天向上。

Always looking upward.

部长的肉球很狂野吧？

好嘞！放马过来啊！

Great countermeasures against any kind of balls.

身为部长，不管对方扔什么球都得立刻反应过来。

洗发水真的能让我受欢迎吗？

Shampoo makes me depressed....

部长不喜欢洗澡，得用好处来引诱。

骗人！哪里有女孩子了！

I told you I hate it!

每次洗澡后用毛巾擦干的时候，部长都会态度骤变。

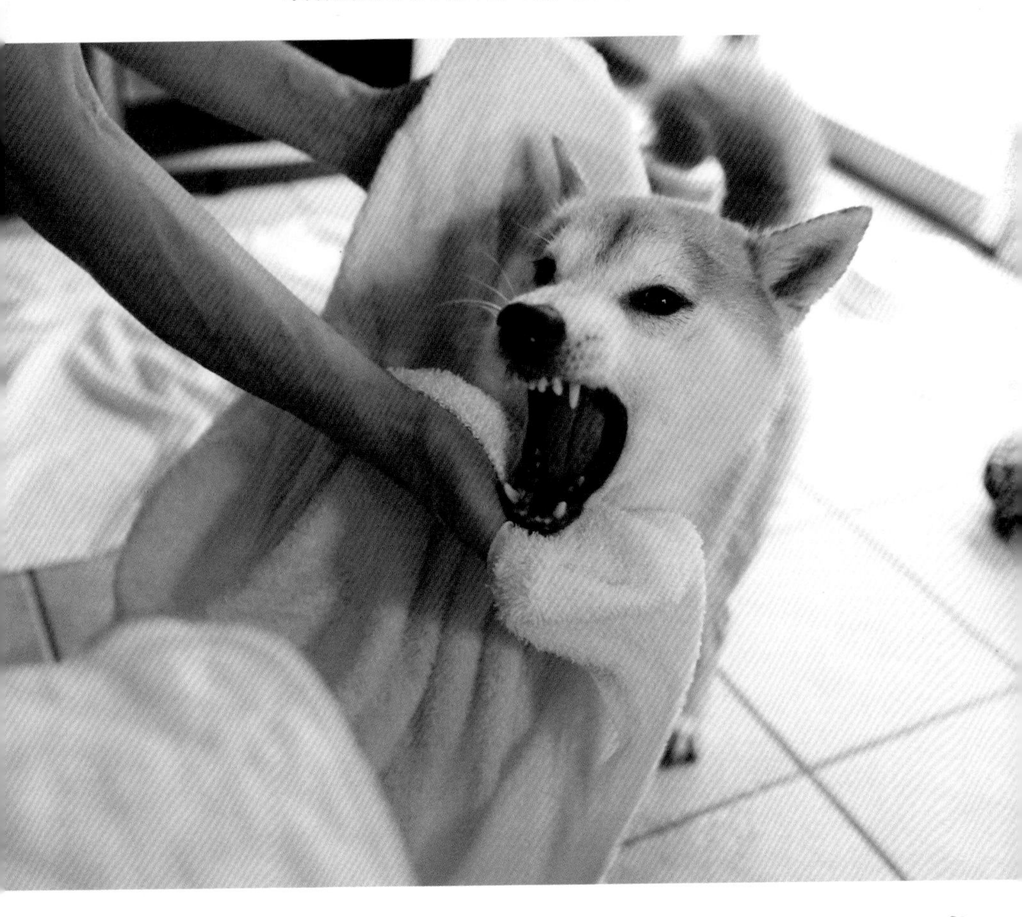

嘿嘿，抱歉，抱歉。

...Anyways, I feel fresh and nice.

狗狗放心时才会表演的“肚皮朝天”。

远处可见的，是京都塔。

Can you see kyoto tower?

部长对深爱的京都街道无所不知。

"幽灵公主"？没有呢。
Was I in "Princess Mononoke"?
不过，倒是经常练习莫娜的名台词"小子闭嘴"。

那个好吃吗？好吃的吧？

My precious?

只是想共享幸福，仅此而已。

美食靠过来点呀！

Come...come to daddy, my precious.

吃不到的话，就会用狂野的肉球强行夺取。

又被洗澡了！我都那么强调自己还没臭了哇！

Nasty people washed me agaainnnnnn!!!

从干毛巾下面逃了出来。

光溜溜。

...But it feels nice without the collar.

洗澡的时候摘掉了名牌，故而是一丝不挂的裸体。

只要听到有人说“好漂亮的狗狗呀”，就会摆好 pose！

I love the city! /Heian Jingu Shrine.

可如果没看到零食和可爱的妹子，尾巴就会立刻垂下来（冈崎 平安宫前）。

嗯嗯，今天也没有异常。

I' m the guardian of the city.

部长坚信这样偷窥能守卫街道的和平。顺便也检查一下隔壁家的晚餐。

呀嚯——

My way of stress management.

在遛狗场里，高兴得都无暇收起舌头了。

叫我柴田社长。

Don' t you think I look great in the CEO' s chair?

社长出差时，会一步步地占领宝座。

招牌狗在此。

Here I am! / Washi Club head office.

虽然一脸威风，但几乎没来店里上过班。

欢迎来到我的书房。

Welcome to my study.

部长在这里阅览文件，看看有没有发到社交网络上。

工作之后的饼干真香！

Cookies after hard work! /Dog Café Takoyakushidori Shinmachi.

下班路上，在部长常去的咖啡店里（Dog Cafe 蛸药师新町）。

我是部长A梦。

Doraemon.

这顶由狗友编织的帽子旅经全国，各地的柴犬都有戴。

部长美妹妹。

Dorami chan.

珍贵的帽子被部长戴过之后，再次踏上了旅程。

Julie？

Cool pop star?

但不管戴什么帽子，都会变成恨铁不成钢的窝囊废。

部长本。

kumamon?

目标是成为京都的可爱吉祥物。

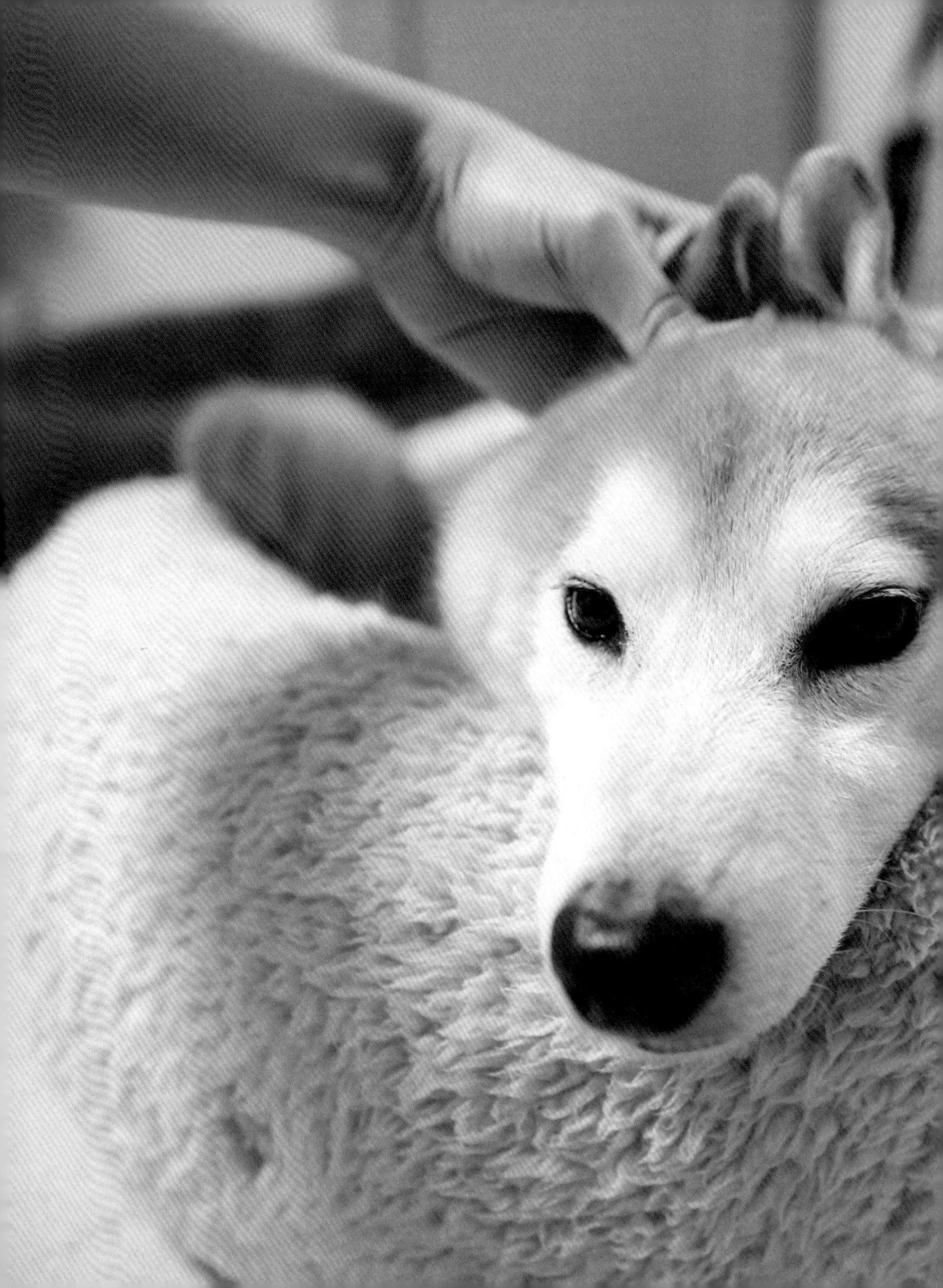

别把我弄成兔子呀！

I'm not a bunny. Let go of my ears!

其实有点小开心。实际上，部长是全家最爱撒娇的孩子。

走呀，走呀。
Enjoying the autumn breeze.
肉球踏遍了新芽落叶，感受季节变迁。

没错，请给我点心，腿都站不稳了。

Time for a snack!

深谙如何讨人欢心的老油条。

发车。

Get my Mercedes(bike) going!

一旦成为部长，出门都得乘坐有司机驾驶的单车。

快递到啦，是生鲜产品。

A strong union to get more sardines.

和部下望着同一方向的好上司（看上了点心而已）。

红叶？别聊这个了，你带芋头来了吧？

Shiba matches the autumn colors. /kyoto Gyoen National Garden.

对于喜欢梨子、柿子的部长来说，秋天是个快活的季节（京都御苑）。

早上好！

An early morning walk makes my day even more beautiful! /Shirakawa, Gion.

我得以跟遇见的人们打招呼，可能也是因为带了狗（祇园 白川）。

今天跑了好久的外勤啊。

Dreaming of yogurt after a long day of work.

部长怕热，但是更怕冷。

柴犬式劈腿。

Do you like my fluffy tail?

沉迷玩具时，总是这个姿势。

你刚才提到了点心，是吧？

I smell the jerky you brought.

不管走到哪里都只听自己爱听的，算不上野兽小径的“部长小径”。

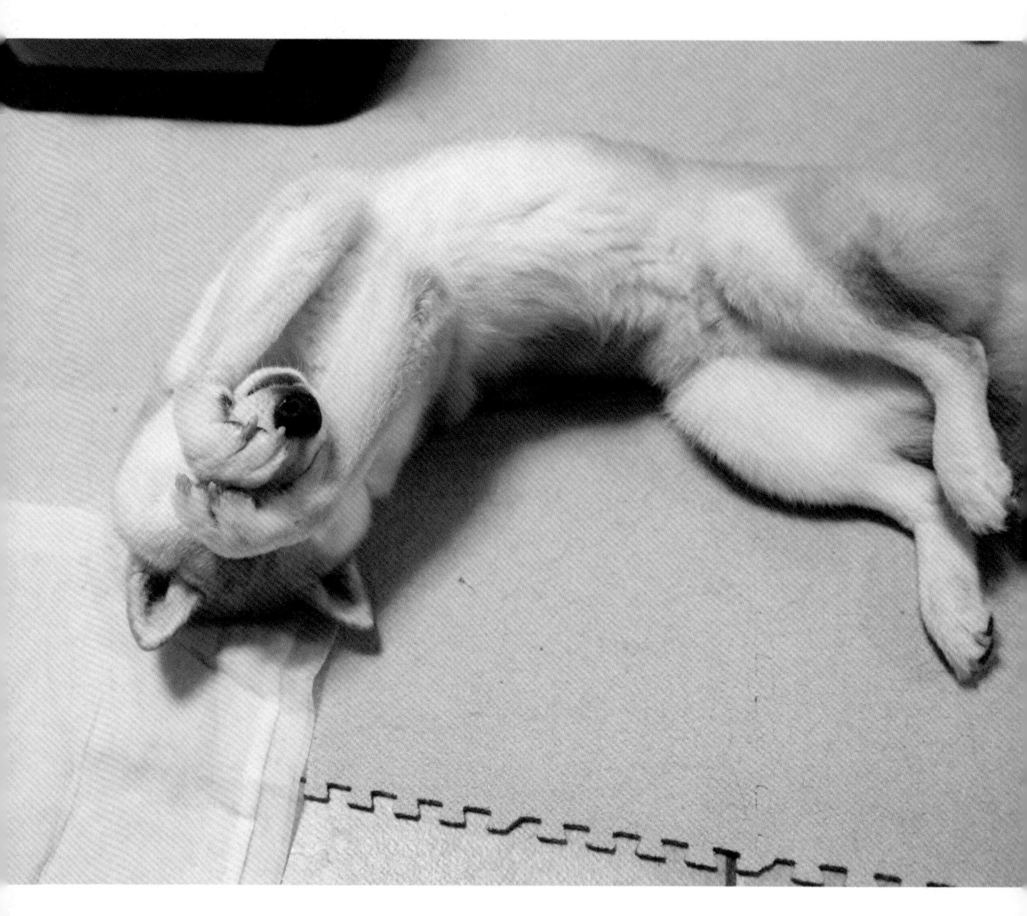

喂……拍摄需要事务所的许可。

I' m pretty shy even if you don't believe me.

似乎不能拍睡颜。

在观光地散步时，被人一个劲地夸可爱，累死我啦！

…But I like to get attention in tourist sites. /Nineizaka, Higashiyama.

一受夸奖就会嘚瑟（东山 二宁坂）。

专门为我而铺的红色绒毯。
All turning red for me. /Miyamacho.
满地枫叶映红柴（京都 美山町）。

一起度过春夏秋冬后，变得越来越像兄妹了。
Still a strong union!
起初还打架打出血了……被咬的总是部长。

我也有过独生子的时代……

But sometimes I feel jealous when she gets more snacks than I do .

有时还会吃醋，真是可爱。

握爪的礼仪。更加优美，更多点心。

Handshake is the key to success.

不知是谁教的，来我家的时候便已经会握爪了。

见识到老前辈的风度了吧。

Don' t I look too clever?

不，沉不住气的样子跟幼犬没什么两样……

露出佛祖般的笑容。

A peaceful nap with the smile of Buddha.

昏昏欲睡……肯定在做美梦。

两份百吉饼烤好啦。

Two freshly baked bagels.

一到冬天就变成了两团百吉饼，口感醇厚而松软。

离去的屁股莫要追。

Back on the road again!

任性的屁股在玩够之前都不会回来。

这里是我居住的城市——京都。

I love the smell of my neighborhood. /Higashiyama area

部长完美融于京都风景（东山界隈）。

谁说狗不怕冷的？

Brrrrrr....I don' t like cold weather.

怕冷的部长。冬天喜欢用毛毯把自己裹起来。

叠肉球。

Do you want to smell my footpads ?

长得像太阳公公。

什么，我也要去，我也要去！

Let me go with youuuuu!

部长最喜欢出门。汉娜也在脚边，组成了“带我出门”的同盟。

呵呵呵……已经吃不下了汪……呵呵呵呵。

Don't feed me more...No...Yes....

战斗的部长，也有战斗力为零的时候。

好舒服～

Living in Fanta "C" land.

C 形睡姿是良好睡眠的标志。

……M。
部长会“舌艺”。另外还有 W 的版本。

社长，给我发奖金啦，我要特别的小鱼干！

I deserve a pay raise, don't I ?

部长明白谁最厉害。

切，又是和平时一样的小鱼干。

...Stingy people!

态度落差太大。

感谢大家一直以来的支持。

Thank you so much for your kind support.

怀着感恩之情，向疼爱部长的各位点头行礼！

递名片的时候要这样！这样！

Training the beautiful movement of giving a business card.

宣传部长的地狱特训，为了能随时递出名片。

好温暖，真幸福！

Happiness is always in between blankets.

把饭食也端到这边来吧！

今天的点心也不多呢……嘀嘀咕咕。

An even stronger union.

一旦联手，就会结成可怕的“点心同盟”。

每年都会独自来看圣诞树（女友征集中？ Dog Cafe）。

虽然我怕冷，但雪天另当别论！

I don' t like winter but snow is a different story!

很少积雪的京都，雪天热闹非凡。

我要招来好多好多的福气！

Get goblins out of the house, invite happiness! Winter is leaving!

豆子会吃进鬼肚子里哦！

我一直看着你呢。

Always watching you with love from the bottom of my heart.

狗狗比我们想象的更加关注人类。

尾声

感谢您读到最后。柴田部长温暖悠哉的日常，不知您看得还愉快吗?

如今，走到哪里都威风凛凛的柴田部长“昂”，在 2007 年的夏天来到我家时，模样和现在比起来简直天差地别。

流浪多年没被逮住，在命不久矣的时候幸好有动物救助团体的人发现了他，进而有缘成为我家的一员。

九年过去，今天的流浪动物所面临的状况依然不算乐观。“处死期限”萦绕不去（注：在日本，动物收容中心的流浪动物若未在规定期限内被人领养，就会被安乐死），每天被收留的猫猫狗狗接连不断。但是，任何人都能以收养的形式与它们结下缘分，命运相牵。有过这类相遇的人应该都希望，打算养动物的人去领养流浪狗、流浪猫吧?

我也是如此。但不是因为可怜，而是和流浪狗一起生活真的很开心，趣事不断，欢声不绝！所以大家不妨也考虑一下。而将这样的讯息告诉大家，也成了我和昂的想法。

然后我接到了商品模特的委托，出于“假如能通过昂，让更多人了解到流浪狗的存在”的想法，柴田部长的红包诞生了。

与昂相遇之后，我开始一只一只地，真的是一只一只地，把无家可归的狗狗带回家，照料之后再送去新养主的身边。昂是个没有耐心的教官，对“新人”总是凶巴巴的。即便如此，当从未戴过项圈的狗狗们，在几个月后第一次摇起尾巴时，昂都是一副“刚才的看到了吗？这孩子摇尾巴啦！”的表情看着我。就这样，我与昂一同送走了许多只被养主接走的狗狗。

我在推特等社交网络上，时常念叨部长和其他狗狗的平凡生活。尽管只是微不足道的发声，但人们若是能因此得知流浪狗的存在，对我来说是再高兴不过的事情了。

9 年前，刚成为我的孩子的时候。

此刻，我看着在自己脚边仰天大睡的部长，内心始终怀着希望：愿猫猫狗狗等所有生命，都能填饱肚子，在软乎乎的床上安然入眠。

部长秘书（饲主）

He had a completely different appearance when he came to our family in 2007. After a long time of exploring the town, he was finally caught by municipal workers. We brought him home just before he was to be put to sleep.

He grew strong as a beautiful Shiba dog with the love from his new family. He happened to appear on some products of Washi Club (Kyoto), because the president of the company wanted a beautiful Japanese dog on some of the cute paper articles.

Now Washi Club has many kinds of products with Shibata Bucho print on, and they are all very popular.

Watching him sleep peacefully in my room, I wish all living beings a safe home.

————The secretary of Shibata Bucho (the keeper)

图书在版编目（CIP）数据

柴田部长 / 日本和诗俱乐部编 ; 谢鹰译 . -- 北京 : 北京时代华文书局 , 2020.2
ISBN 978-7-5699-3351-2

Ⅰ . ①柴… Ⅱ . ①日…②谢… Ⅲ . ①犬－图集
Ⅳ . ① S829.2-64

中国版本图书馆 CIP 数据核字 (2019) 第 286991 号

北京市版权著作权合同登记号　图字：01-2019-3577

柴 田 部 长
Chaitian Buzhang

编　　者 | [日] 和诗俱乐部
译　　者 | 谢鹰

出 版 人 | 陈　涛
选题策划 | 欧阳博　徐　念
责任编辑 | 王雨沉　王卫东
设　　计 | B.C.（稻野清 金川道子）
版式设计 | 曾六六
责任印制 | 刘　银

出版发行 | 北京时代华文书局 http://www.bjsdsj.com.cn
北京市东城区安定门外大街 138 号皇城国际大厦 A 座 8 楼
邮编：100011 电话：010-64267955　64267677
安徽少年儿童出版社 E-mail：ahse1984@163.com
安徽省合肥市翡翠路 1118 号出版传媒广场 邮政编码：230071
印　　刷 | 小森印刷（北京）有限公司 010-57735441
（如发现印装质量问题，请与印刷厂联系调换）
印　　数 | 8000
开　　本 | 880mm×1230mm 1/24　印　张 | 4⅓ 字　数 | 44 千字
版　　次 | 2020 年 6 月第 1 版　印　次 | 2020 年 6 月第 1 次印刷
书　　号 | ISBN 978-7-5699-3351-2
定　　价 | 30.00 元